中國地理繪本

影響孩子一生的 100成長旅行地

鄭度◎主編　黃宇◎編著　伊麗莎・史陶慈　等◎繪

中 華 教 育

責任編輯　梁潔瑩　劉萄諾
裝幀設計　龐雅美
排　　版　龐雅美
印　　務　劉漢舉

中國地理繪本
影響孩子一生的100成長旅行地

鄭度◎主編　黃宇◎編著　伊麗莎·史陶慈　等◎繪

出版 / 中華教育

香港北角英皇道 499 號北角工業大廈 1 樓 B 室
電話：(852) 2137 2338　傳真：(852) 2713 8202
電子郵件：info@chunghwabook.com.hk
網址：http://www.chunghwabook.com.hk

發行 / 香港聯合書刊物流有限公司

香港新界荃灣德士古道 220-248 號荃灣工業中心 16 樓
電話：(852) 2150 2100　傳真：(852) 2407 3062
電子郵件：info@suplogistics.com.hk

印刷 / 美雅印刷製本有限公司

香港觀塘榮業街 6 號海濱工業大廈 4 樓 A 室

版次 / 2023 年 1 月第 1 版第 1 次印刷

規格 / 16 開 (207mm x 171mm)

ISBN / 978-988-8809-19-6

目錄

走遍神州大地，
我愛我的祖國
踏上祖國的大地，看到遠方的風景、遠方的人和生活，才能真正體會地域是多麼遼闊、遠方是多麼不同。
五嶽之首是哪座山？
藏羚羊生活在哪裏？
壺口瀑布是黃河上的大瀑布嗎？

萬里長城有
萬里長嗎？
故宮就是曾經
的紫禁城嗎？
MILK
小小的你，心中是否有
着大大的夢想？
翻開本書，開啟旅途，
讓夢想變得越來越清晰吧！

不朽古跡，我為你自豪

不到長城非好漢

長城曾是古人抵禦外敵的堅固壁壘，像一條巨龍翻越崇山峻嶺，雄偉壯觀，總長兩萬多公里，號稱「萬里長城」。長城最為人們熟知的一段是北京的八達嶺長城，上面有「不到長城非好漢」的題刻。

兵馬俑震驚了世界

秦始皇陵兵馬俑像被埋在地下的千軍萬馬。陶俑的神態各有不同，十分逼真，剛剛出土時是彩色的，轟動了世界各國。

皇家宮殿故事多

故宮舊時稱「紫禁城」，是皇家的宮殿，後被開闢為故宮博物院，每個人都可以去參觀這個古建築羣，欣賞古代的建築藝術和精美的奇珍異寶。

娶了文成公主的松贊干布修建了布達拉宮。

世界屋脊上的布達拉宮

布達拉宮坐落在青藏高原上，它既是宮殿，也是寺院，珍藏着唐卡（宗教卷軸畫）、佛像、舍利等極為豐富的歷史文物。

敦煌壁畫絢麗、精美，內容涉及宗教、歷史等，相當豐富。

敦煌有個莫高窟

石窟是佛教的一種建築形式，曾是僧人修行的地方。敦煌莫高窟將石窟建築、雕塑、壁畫匯集在一起，是世界著名的藝術寶庫，其中最有名的是敦煌壁畫。

龍門石窟很精美

龍門石窟經歷了北魏、隋、唐等朝代，留下了上千座窟龕、碑刻和十萬餘尊造像。

在旅途中慢慢成長

牛頓曾說：「如果我看得比別人更遠些，那是因為我站在巨人的肩膀上。」有了歷史留給我們的寶貴財富，我們也能看得更遠。

有名氣的趙州橋

趙州橋有很悠久的歷史，已經建成 1400 多年了。它是隋朝著名匠師李春設計的，河心不立橋墩，設計獨特。

殷墟發現了甲骨文

殷墟的發現被評為 20 世紀中國「100 項重大考古發現」之首，它是中國商朝後期都城的遺址，考古學家曾在這裏發現了甲骨文，還發現了后母戊鼎（又叫司母戊鼎）和大量的其他國寶級文物。

你有一個名校夢嗎

古代的最高學府：國子監

國子監（學）是晉以後中國古代的最高學府，會集了全國的優秀學子，造就了許多名人。國子監裏琉璃牌坊兩面都有乾隆皇帝的御筆題字，辟雍大殿則是皇帝講學的地方。

地點：江西

名聲在外的白鹿洞書院

白鹿洞書院始建於南唐，南宋理學家朱熹曾在此講學，還奏請皇帝為書院寫了匾額。它的辦學方式影響了日本、韓國等國家，有「海內第一書院」的稱號。

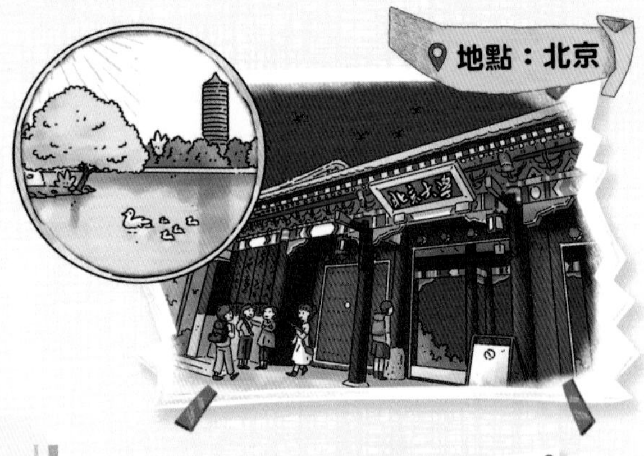

未名湖畔看北京大學

北京大學是很多人夢想中的高等學校，曾是中國新文化運動和五四運動的主陣地，嚴復和蔡元培曾任北京大學的校長。未名湖和博雅塔早已成了北京大學的標誌。

嶽麓書院人才輩出

千年學府嶽麓書院可謂人才輩出，有「師夷長技以制夷」的魏源，還有曾國藩、左宗棠等。毛澤東也曾在此讀書學習，書院後的愛晚亭是他常去的地方。書院位於湖南大學校園內，至今仍在招生教學。

地點：湖南

周總理的母校：南開大學

南開大學成立於1919年，由著名教育家張伯苓和嚴修創辦，是周恩來總理的母校。戲劇家曹禺也曾在此就讀。校內廣場上懸掛着象徵南開精神的校鐘，矗立着周恩來的雕像，基座上刻着「我是愛南開的」。

水木清華：清華大學

清華大學被譽為「工程師的搖籃」，培養出很多著名的科學家。「自強不息，厚德載物」是清華大學的校訓。朱自清在清華大學任教時，曾寫下《荷塘月色》，描寫了校園內的荷塘景色。

香港大學「明德格物」

香港大學簡稱「港大」，是香港歷史最悠久的大學，也是名列世界前茅的大學，有亞洲「常春藤」之稱，校訓為「明德格物」，採用英語教學。孫中山、朱光潛、張愛玲都曾在此就讀。

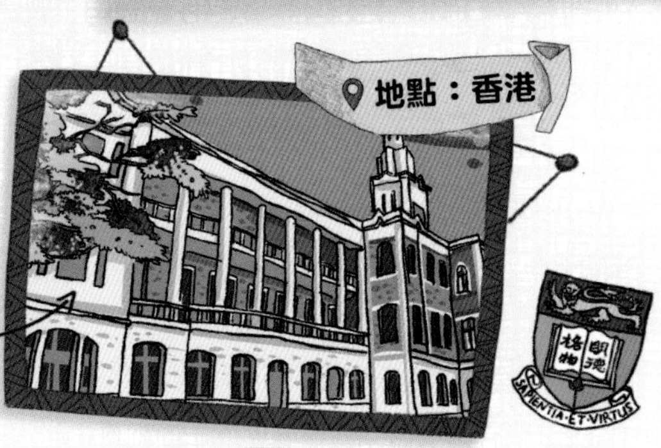

復旦大學「努力前程」

復旦大學最早是由民間集資自主創辦的高等學校，孫中山曾任校董，並題寫了「努力前程」四字，表達了對復旦學子的希望。

在旅途中慢慢成長

從古至今，幾乎每個人都有名校夢。走進百年名校，似乎處處瀰漫着濃濃的文化氣息，浸潤在奮發向上的氛圍中，你是否找到了心中的方向？

博物館，聽文物講歷史

中國國家博物館

中國國家博物館是世界著名博物館，其豐富的館藏文物展現了歷史的進程以及燦爛的藝術、文化。館內有很多珍貴的文物，如后母戊鼎，它象徵着古代煉銅技術的輝煌成就。

南京博物院

南京博物院最早由教育家蔡元培倡議創建，是中國第一座由國家投資興建的大型綜合類博物館。擁有藏品 40 萬餘件，珍貴文物的數量僅次於北京故宮博物院。

台北故宮博物院

台北故宮博物院是台灣規模最大的博物館，毛公鼎、翠玉白菜、肉形石被稱為三大鎮館之寶，都是世所罕見的工藝品，館內還藏有《富春山居圖》《快雪時晴帖》等著名文物。

陝西歷史博物館

陝西歷史博物館可以說幾乎涵蓋了中國的全部歷史，其文物上起遠古人類的石器，下至 19 世紀的各種器物，數量多，種類多，價值高，是華夏歷史文物的殿堂。

香港歷史博物館

香港歷史博物館於 1975 年建立，展示了香港的自然生態環境及歷史文化，除了珍貴文物，館內還建造了一些真實的場景，播放大量的影像資料，人們能夠藉此了解香港發展的百年變遷。

湖北省博物館

湖北省博物館藏有越王勾踐劍、鹿角立鶴等珍品，擁有中國規模最大的古樂器陳列館。其鎮館之寶曾侯乙墓編鐘是戰國時期的大型樂器，由 65 口青銅鐘組成。

西藏博物館

西藏博物館有佛像、唐卡、轉經筒、古籍等文物，能夠讓我們了解西藏的歷史和文化。

在旅途中慢慢成長

博物館是值得每個人終身學習的場所，這裏藏着文明的精髓，每一件藏品都是一段歷史，可以傳遞知識，引發思考。

三星堆博物館

三星堆遺址是已發現的文化內涵最為豐富的古蜀文化遺址，在三星堆博物館中可欣賞到此遺址出土的大量金器、陶器、象牙、三星堆時期的圖騰。青銅神樹、青銅立人像、碩大的青銅面具已成為三星堆文明的文化符號。

走過山，走過水，世界豁然開朗

五嶽之首泰山

東嶽泰山古稱岱宗，為五嶽之首，自古便是受人們崇拜的山，也是帝王祭祀天地的山，有「泰山安，四海皆安」的說法。歷代文人雅士在泰山上刻石題字，留下了大量的碑刻。

險峻的華山

西嶽華山有「奇險天下第一山」之說，是中華民族的聖山。華山上有很多著名的景點，如長空棧道、鷂子翻身、千尺幢等。

青色的湖——青海湖

青海湖意為「青色的湖」。其湖水之藍、鳥島上成羣的飛鳥、大片的油菜花、獨有的高原特色和濃郁的藏族風情構成它的美。

黃山與迎客松

黃山號稱「天下第一奇山」，因軒轅黃帝曾在此煉丹的傳說而得名。迎客松是黃山的標誌性景觀。明朝旅行家徐霞客登臨黃山時說：「天下無山，觀止矣！」後來，便成了人們口中相傳的那句「五嶽歸來不看山，黃山歸來不看嶽」。

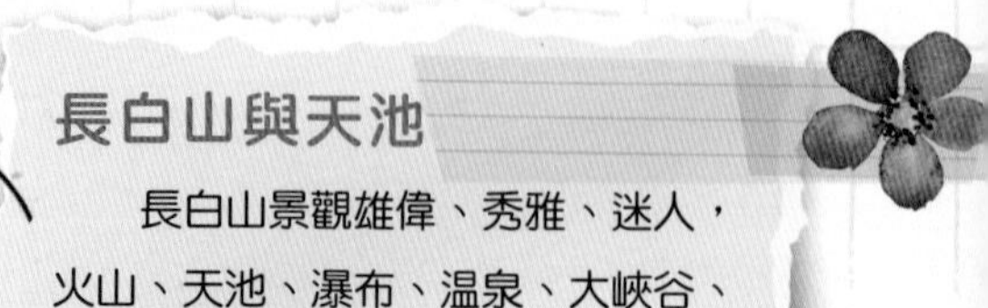

地點：吉林

長白山與天池

長白山景觀雄偉、秀雅、迷人，火山、天池、瀑布、溫泉、大峽谷、森林在這裏完美融合，壯麗無比。

鼎鼎大名的西湖

西湖是中國少有的湖泊類世界文化遺產，三面環山，湖面被孤山、白堤、蘇堤、楊公堤等分隔，因「西湖十景」聞名於世。相傳，《白蛇傳》中的白娘子就被壓在此處的雷峯塔下。

黃色的瀑布——壺口瀑布

「黃河之水天上來，奔流到海不復回。」在壺口瀑布前，每個人都能感受到這種氣勢磅礴、排山倒海之勢。在不同季節能看到不一樣的瀑布奇觀，如水底冒煙、旱地行船、霓虹戲水、晴空灑雨、旱天驚雷等。

在旅途中慢慢成長

我們腳下的大地有自己的故事，它們都藏在壯麗的大自然中，常常讓我們歎為觀止。大自然在被我們敬畏的同時，也會激發我們心中的力量。

錢塘江大潮

錢塘江潮洶湧澎湃，被譽為「天下第一潮」。每年中秋節前後是大潮最洶湧的時候，有很多遊客來觀潮，這一習俗漢魏時期已有，歷史悠久。海寧是觀潮勝地，不同的地段可欣賞不同的潮景，如一線潮、回頭潮、交叉潮等。

偉大的詩人李白都去過哪裏

地點：重慶

白帝城

長江三峽從重慶的白帝城一直延伸到湖北宜昌，由瞿塘峽、巫峽和西陵峽組成，沿江兩岸高山對峙，崖壁陡峭，唐朝詩人李白的《早發白帝城》描繪的便是三峽的風光。

早發白帝城

朝辭白帝彩雲間，
千里江陵一日還。
兩岸猿聲啼不住，
輕舟已過萬重山。

地點：江西

望廬山瀑布

日照香爐生紫煙，
遙看瀑布掛前川。
飛流直下三千尺，
疑是銀河落九天。

廬山

廬山位於江西省九江市，廬山瀑布是其一大奇觀，它是由三疊泉瀑布、石門澗瀑布、黃龍潭瀑布等組成的瀑布羣。李白在此寫下了《望廬山瀑布》。

峨眉山

在李白心中，「蜀國多仙山，峨眉邈難匹」。在李白描寫峨眉山的詩歌中，《峨眉山月歌》是最為經典的一首。

地點：四川

峨眉山月歌

峨眉山月半輪秋，
影入平羌江水流。
夜發清溪向三峽，
思君不見下渝州。

富春山與新安江

新安江、富春江、錢塘江是同一條大江的上、中、下游三段的稱呼。兩岸景色宜人，羣山聳立，人稱「富春江小三峽」，吸引了很多人前來遊歷。

地點：浙江

清溪行・宣州清溪

清溪清我心，水色異諸水。
借問新安江，見底何如此。
人行明鏡中，鳥度屏風裏。
向晚猩猩啼，空悲遠遊子。

蜀道

李白的少年時代基本都是在四川的青蓮鎮度過的，因此自號青蓮居士。他遊歷過四川的山山水水，有感於蜀道攀登之難，曾寫下《蜀道難》一詩，用豐富的想像力再現了蜀道的驚險奇麗。

地點：四川

蜀道難（節選）

噫吁嚱，危乎高哉！蜀道之難，難於上青天！

地點：湖北

黃鶴樓送孟浩然之廣陵

故人西辭黃鶴樓，煙花三月下揚州。
孤帆遠影碧空盡，唯見長江天際流。

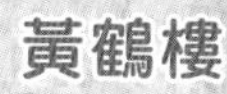

黃鶴樓

唐代詩人崔顥的一首《黃鶴樓》古詩，讓後人對黃鶴樓產生了無比的憧憬，歷代文人在此留下了許多千古絕唱。傳說李白登此樓，目睹此詩，大為折服，說：「眼前有景道不得，崔顥題詩在上頭。」

地點：安徽

送温處士歸黃山白鵝峯舊居（節選）

黃山四千仞，三十二蓮峯。
丹崖夾石柱，菡萏金芙蓉。
伊昔升絕頂，下窺天目松。

黃山

傳說黃山是軒轅黃帝得道成仙的地方，鍾情於尋仙訪友的李白也曾在此遊山玩水，被山中美景吸引，一首詩就寫出了黃山的非同凡響。

在旅途中慢慢成長

詩仙李白一生漂泊不定，足跡遍佈大半個中國，經歷了仕途上的跌宕起伏，也增長了閱歷和見識。

寄王屋山人孟大融（節選）

我昔東海上，嶗山餐紫霞。
親見安期公，食棗大如瓜。

地點：山東

嶗山

嶗山以其山海鍾秀、人傑地靈的仙山姿態而著稱於世，幾千年來，不知有多少文人雅士慕名而來。

節日，融入當地人的狂歡

火把節

在四川、雲南、貴州一帶的多個少數民族地區，有一個古老而重要的傳統節日，那就是火把節，它被稱為「東方的狂歡節」。點燃一支支火把，燃起一堆堆篝火，通宵達旦，人們隨着音樂跳起歡快的達體舞，祈福、祭祖、娛樂，熱鬧極了。

三月三歌節

生活在廣西等地的壯族人民素以善歌著稱，他們用歌聲表達感情，抒發對生活的熱愛。在傳統的三月三歌節到來時，人們對歌、賽歌，開展大型歌會，舉辦各種慶祝活動。

歡聚草原那達慕

在那達慕大會上大展身手，是每個蒙古族男兒的願望。加入內蒙古草原上最熱鬧的節日慶典，在遼闊的草原上看蒙古族勇士賽馬、摔跤、射箭，聽着悠揚的馬頭琴聲，品地道的羊肉和奶茶，圍着篝火跳起蒙古族舞蹈，草原之行便無憾了。

哈爾濱國際冰雪節

每當國際冰雪節來臨，整個哈爾濱就像童話故事裏的冰雪王國，處處銀光閃閃，光彩奪目。冬季到哈爾濱來看雪、玩雪、看冰燈、賞雪雕、滑扒犁，體驗一番冰天雪地裏的熱鬧，心中是否也會種下五彩斑斕的夢想？

潑水節

相互潑水是在表達祝福？沒錯，在雲南傣族最隆重的節日——潑水節上，人們可以盡情潑水，互相祝福。

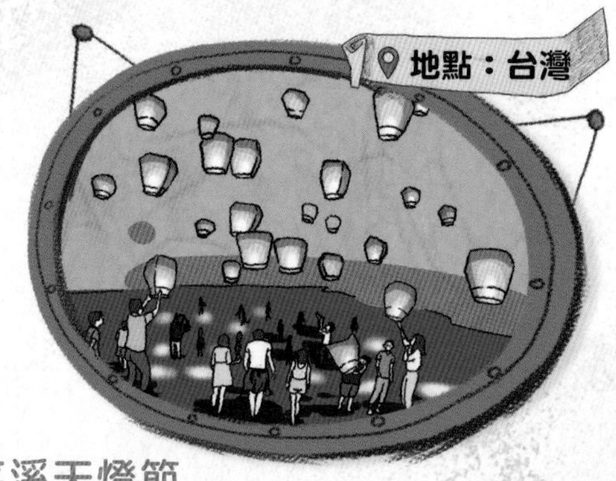

平溪天燈節

為了慶祝元宵節，在台灣平溪，萬人齊聚，燃放滿載祝福和心願的孔明燈。孔明燈帶着人們書寫的心願冉冉升空，在夜色中閃耀，十分美麗。

洛陽牡丹文化節

洛陽有「牡丹花城」的美譽，每年都會舉辦牡丹文化節。這裏的牡丹品種多、花色美，種植面積也非常大。

在旅途中慢慢成長

旅途中的你，不只看到了美麗的風景，也看到了更多的人和事。看到的越多，你心中的世界也會越來越寬廣，體會到「海納百川，有容乃大」的道理。

山東快書使用竹板或銅板作為伴奏樂器。

風箏節

山東濰坊的風箏遠近聞名，形態各異。作為風箏的發源地，這裏年年舉辦的國際風箏節吸引了無數遊客。

多變的色彩，拼出絢爛的世界

塔里木胡楊林

作為生命力頑強的古老樹種，胡楊生長在極旱荒漠區，有活化石之稱。秋季的塔里木胡楊林國家森林公園呈現出一派金黃色，像童話世界，顯露出生命的光輝與堅韌。

百里杜鵑

貴州有世界上最大的原始杜鵑林帶，因綿延百里而得名「百里杜鵑」，其杜鵑品種多達幾十個。每到春季，漫山遍野的杜鵑花爭相開放。風景區內，山、水、林、洞、奇石和諧一體，還生活着很多珍禽異獸。

龍脊梯田

在廣西龍脊山上，層層疊疊的梯田、綿延起伏的山脈和清一色的吊腳樓融為一體，形成一幅美麗的畫。在蓄水充足的季節，梯田水平如鏡，倒映出天空的顏色。收穫季節，梯田栽種的水稻呈現出一層層金黃色的豐收景象。

門源油菜花

油菜花因為旺盛的生命力開遍了中國的大江南北，而門源是全國較大的油菜種植區，這一個人造的景觀面積達 50 萬畝。

祁連山草原

在祁連山下有着廣袤的原始林區和草原，立夏之後，這裏便成了綠色的海洋。綠草如茵的大草原、天空中朵朵白雲、成羣的牛羊，匯織成獨有的草原風光。

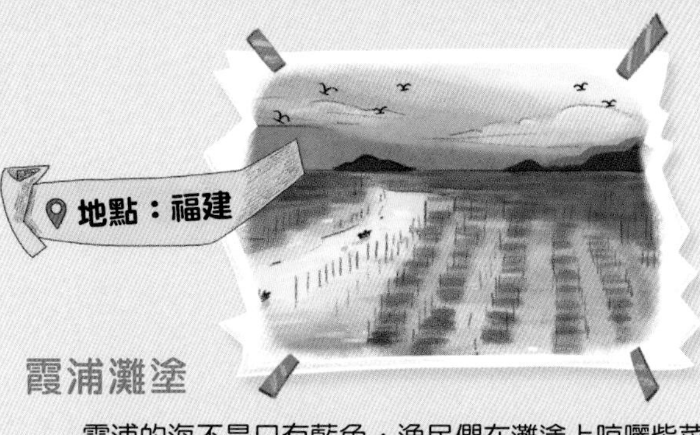

霞浦灘塗

霞浦的海不是只有藍色，漁民們在灘塗上晾曬紫菜和海帶，為這片大海帶來了繽紛色彩。霞浦灘塗被譽為「中國最美灘塗」，會隨着光線變化出不同的景象。

解憂公主薰衣草園

不用到法國普羅旺斯，也能欣賞到大片美麗的薰衣草。伊犁的解憂公主薰衣草園被稱為「中國薰衣草之鄉」。每到六、七月份，漫山遍野的紫色花海飄散着淡淡的薰衣草花香，令人沉醉。

在旅途中慢慢成長

世界不只是一種顏色，它五彩斑斕，它絢麗多姿。同樣，生活也是有不同顏色的，熱愛生活的你一定能發現它的多姿多彩。

紅海灘

在這條獨一無二的紅色海岸線上，大面積的紅色翅鹼蓬鋪天蓋地般生長着，造就了一個紅豔豔的自然奇觀。

奇特的地貌是大自然的傑作

雅丹地貌的魔鬼城

克拉瑪依的魔鬼城是典型的雅丹地貌，在茫茫戈壁上的魔鬼城可觀賞到形狀怪異的石柱，它們似城堡、宮殿、猛獸等，起風時詭異的聲響又為這裏增添了神祕感。

張掖七彩丹霞

張掖七彩丹霞地處祁連山北麓，地貌以色彩豔麗、層理交錯稱奇，多種顏色將溝壑、山丘裝飾得絢麗多彩，彷彿給大地披上了五彩霞衣。

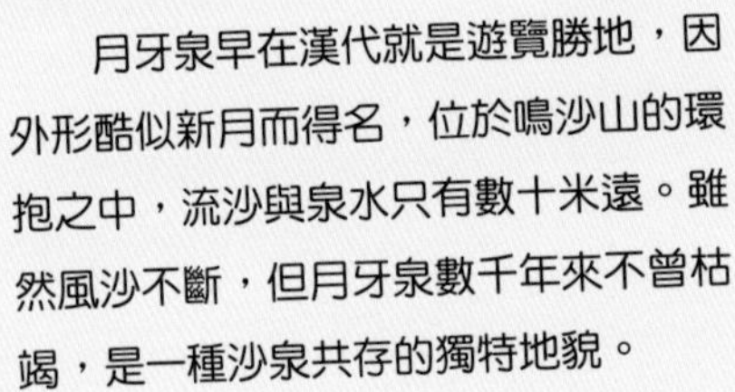

鳴沙山月牙泉

月牙泉早在漢代就是遊覽勝地，因外形酷似新月而得名，位於鳴沙山的環抱之中，流沙與泉水只有數十米遠。雖然風沙不斷，但月牙泉數千年來不曾枯竭，是一種沙泉共存的獨特地貌。

小寨天坑

小寨天坑有典型的岩溶漏斗地貌。天坑底部有一條暗河，曾引得很多探險家探尋暗河水源。坑壁上有泉水瀉入坑底，像小瀑布一般，使得坑底濕潤，植被茂盛，常常會出現雲霧繚繞的奇境。

和平島豆腐岩

台灣的和平島有着獨特的風化和海蝕地貌，其豆腐岩因岩石被「切割」成豆腐塊狀而得名。在海水的侵蝕下，豆腐岩還有可能變成較平滑的饅頭石。

張家界地貌

大自然的鬼斧神工造就出張家界這一世界獨有的奇峯林立的景觀，這種地貌因此被命名為張家界地貌。它是砂岩地貌的一種獨特類型，形成條件非常苛刻。

在旅途中慢慢成長

有一些神奇的地方，只有你自己去過，親眼見過，才能感受到它帶給你的震撼。它們會讓你驚呼：「世界上竟然還有這樣的地方？」

黃龍

黃龍因主景區黃龍溝宛如一條黃色的龍而得名。著名景觀為海拔 3000 米以上的五彩池。黃龍以彩池、雪山、峽谷、森林四絕著稱，景觀奇特，保留着原始的形態，被譽為「人間瑤池」。

織金洞

織金洞因跨度最寬、洞廳最高等多項世界之最，被稱為「溶洞之王」。洞內有各種奇形怪狀的石柱、石筍，組成了一個個奇特的景觀，能讓人感受到地下喀斯特地貌的震撼。

和珍稀動植物
親密接觸
珙桐
因花形酷似展翅的白鴿，被稱為「中國鴿子樹」。
玉帶海鵰
較罕見，叫聲非常響亮。
銀杉
產於中國的稀有樹種，多生長在氣候潮濕的地區。
白唇鹿
唇的周圍和下頜為純白色。
馬來熊
體形最小的熊，冬季不冬眠。
金斑喙鳳蝶
一種極為名貴、罕見的蝴蝶，為中國特有。
紅腹錦雞
雄性的羽毛色彩鮮豔，雌性的羽毛則較為灰暗。
華南虎
中國特有虎種，一般單獨生活，善於游泳。
大熊貓
中國國寶，有「活化石」之稱。
玳瑁
分佈於中國華東、華南沿海，是國家二級保護動物。
中華鱘
十分古老的魚類。

金絲猴
鼻孔上仰，臉為藍色，為中國特有。
朱鹮
瀕危物種，十分膽小，被稱為「吉祥之鳥」。
桫欏
極其珍貴，國家一級保護瀕危植物，曾與恐龍生活在同一時代。
小熊貓
喜歡在樹枝上打瞌睡，性格十分溫順。
亞洲象
性情溫和，只有雄象有象牙。
雲豹
尾巴幾乎與身體一樣長，爬樹本領極高。
大鯢
叫聲像嬰兒啼哭，俗稱「娃娃魚」。中國大鯢是世界現存最大的兩棲類動物。

走在古城古道，自帶詩書氣質

麗江古城

麗江古城又名大研古鎮，融合了多個民族的建築風格。著名景點有四方街、木府、大水車等。古城內有着多姿多彩的民族風俗和娛樂活動，如麗江古樂、東巴儀式以及納西族火把節等。

烏鎮

浙江桐鄉的烏鎮是典型的江南水鄉，有上千年的歷史，人們常去的是東柵景區和西柵景區。東柵主要有茅盾故居、文昌閣、戲台、染坊等景點；西柵景區毗鄰京杭運河，有木心美術館等。

鳳凰古城

湘西的鳳凰古城是以土家族、苗族為主的少數民族聚集地，始建於清康熙年間，有300 多年的歷史。古城內以青石板街道、木結構吊腳樓為特色，有石板老街、沱江跳岩、虹橋、沈從文故居等景點。

平遙古城

平遙古城完好地保存了明清時期縣城的基本風貌，可以看到晉商第一家票號日升昌、平遙縣衙、文廟、華北第一鏢局博物館，以及錢莊、當舖、綢緞莊等。

茶馬古道

「北有絲綢之路，南有茶馬古道」，茶馬古道是一條與絲綢之路一樣重要的通道，源於唐宋時期西南邊陲的茶馬互市，是以馬為主要交通工具的民間商貿通道。古道主要有三條線路，即青藏線、滇藏線和川藏線，其中滇藏線茶馬貿易的茶葉以雲南普洱茶為主。

景德鎮

景德鎮被稱為中國「瓷都」，元朝時便開設御窯廠，專為宮廷生產御用瓷器。景德鎮瓷器自古便名揚天下，有「白如玉、明如鏡、薄如紙、聲如磬」的讚譽，其中最著名的有青花瓷、玲瓏瓷等。

徽杭古道

徽杭古道是一代代徽商進入杭州經商的重要通道。徽商是徽州商人的總稱，於宋朝開始活躍。「紅頂商人」胡雪巖就是徽商的代表人物。

恩施土司城

恩施土司城風格獨特、景觀亮麗、規模宏大，包括門樓、侗族風雨橋、校場、土家族民居等景點，是了解土家族的歷史、感受古老醇厚的民風民俗的好地方。

在旅途中慢慢成長

古城古道是我們近距離接觸歷史的好時機，青石板、古民居、古樸鮮活的生活，讓我們彷彿坐着時光機回到了過去。

村落那麼美，有不一樣的煙火

永定客家村落

在福建永定有多個客家村落，村中的土樓是客家人所建的民居，具有很強的防震性，有防禦等功能。土樓分為方樓、圓樓與五鳳樓，千姿百態，種類繁多，很有特色。

婺源風光

江西婺源的古村落羣被譽為「中國最美的鄉村」，保留了很多明清時期的古建築。白牆黛瓦的徽式古民居、春季大片的油菜花田、秋季篁嶺的曬秋景象、嚴田的古樟古橋，都已經成為婺源的文化符號。

磚雕是由堅硬的青灰磚雕鏤而成的。

如畫的宏村

宏村是安徽具有代表性的古村落，位於黃山腳下，古稱弘村、七俠鎮，始建於北宋。宏村因奧斯卡獲獎電影《臥虎藏龍》的取景聞名中外，有「畫裏鄉村」這一美譽。

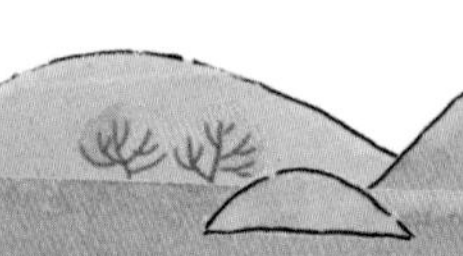

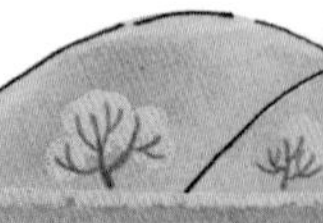

程陽八寨

在三江侗族自治縣，分佈着八個侗族村寨，俗稱「程陽八寨」。寨子之間由風雨橋相連，舉世聞名的程陽風雨橋就坐落在這裏。除了風雨橋，還能看到鼓樓、吊腳木樓等侗族特色的建築。

禾木村的秋色

禾木村位於新疆喀納斯湖畔，村裏的房子全是用原木搭建而成的，與牧羣、雪山、森林、草地構成了獨特的景致，充滿了原始氣息。秋季時，層林盡染，絢麗多彩，十分迷人。

西江千戶苗寨

西江千戶苗寨完整地保存了苗族的原生態風光，層層疊疊的吊腳樓，工藝精湛的苗族銀飾，苗家人熱情的蘆笙舞，夜晚的萬家燈火，都讓人流連忘返。余秋雨先生曾點評說這裏「以美麗回答一切」。

在旅途中慢慢成長

在古村落體驗地道農家生活，玩一玩鄉村孩子的遊戲，是一種與城市生活完全不同的生活，你是否被深深地吸引了？

人間仙境，種下美麗夢想

心中的日月——香格里拉

香格里拉，藏語意為「心中的日月」，是一個藏在羣山峻嶺之中的寧靜之地，較高的海拔使它顯得格外美麗。這裏有高山湖泊、水草豐美的牧場、百花盛開的濕地、飛禽走獸，以及獨特的民族風情。普達措國家公園、虎跳峽等都是這裏著名的景點。

西雙版納原始森林公園

野象、孔雀、竹樓、神祕的雨林、婀娜的傣族舞蹈、月光下的鳳尾竹、掩映在鳳尾竹叢中的莊嚴佛塔……這就是西雙版納。熱帶雨林中古藤纏繞、參天巨樹直刺蒼穹，讓人感受到樹木生長的無窮生機和渾然天成的奇趣。

地點：四川

異彩紛呈的九寨溝

九寨溝以高山湖泊羣、彩林、藍冰等聞名於世。寧靜的犀牛海、寬闊的諾日朗瀑布、豔麗的五花海、翠藍的五彩池……九寨溝的色彩繽紛、奇特、變幻無窮，像絢麗奇幻的瑤池。

百里灕江

灕江兩岸是典型的喀斯特地貌，山峯形態萬千，最有代表性的景觀是九馬畫山、黃布倒影、象鼻山等。「桂林山水甲天下」指的就是灕江風光。

天空之鏡——茶卡鹽湖

茶卡鹽湖是柴達木盆地著名的天然結晶鹽湖，因湖面像閃閃發光的鏡子，被譽為中國的「天空之鏡」。景區有眾多鹽雕可供觀賞，還可乘坐小火車深入湖中，觀看大型採鹽船採鹽時的場景。

遼闊的呼倫貝爾大草原

呼倫貝爾大草原地域遼闊，綠波千里，河流縱橫交錯，九曲迴環。寬廣的呼倫湖與貝爾湖畔棲息着天鵝、白鷺、中華秋沙鴨等鳥類，白色氈房星星點點地散佈在草原上，成羣的牛羊吃着青草，猶如一幅無邊無際的畫。

高山湖泊喀納斯

喀納斯是位於阿爾泰深山中的高山湖泊，湖的顏色會隨季節和天氣而變化，湖的四周都是原始森林，秋季層林盡染，十分絢爛。

在旅途中慢慢成長

世間的美景有千千萬萬，可是能打動你心靈的只有那麼幾處。也許，它們還會催生你心中那股洶湧澎湃的力量，讓你為了心中的仙境奮鬥不息。

蒼山雪，洱海月

蒼山環抱着洱海，洱海枕着蒼山，兩者渾然天成。蒼山上的積雪映襯着湖水，中秋節之夜的月亮倒映在洱海，非常美麗，傳說那是天宮仙女的寶鏡在為生活在這裏的捕魚人照亮魚羣。

哪一個是你嚮往的城市

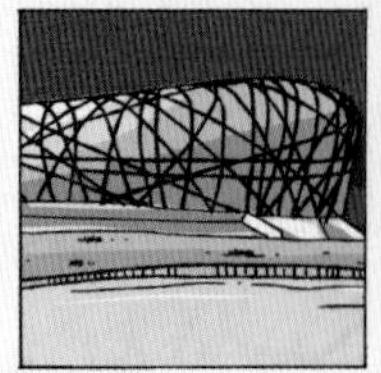

北京

首都北京既保留着舊時的皇家園林和古老的胡同，也有現代化的商圈、國家大劇院、奧運場館，以自己獨特的魅力吸引着各地的人們來追逐自己的夢想。

上海

上海地處長江入海口處，黃浦江水穿城而過。江水的一側是中國著名的金融中心陸家嘴，標誌性建築東方明珠電視塔坐落於此，另一側是外灘，坐落着不同風格的歐式建築。

重慶

重慶以山地為主，長江橫貫境內。宋光宗先封恭王再登帝位，自詡「雙重喜慶」，重慶由此得名。這裏是紅岩精神的起源地，巴渝文化的發祥地。其火鍋文化、吊腳樓風格等影響深遠。

三亞

三亞位於海南島的最南端，是具有熱帶海濱風景特色的國際旅遊城市，有「東方夏威夷」的稱號。這裏的亞龍灣、蜈支洲島、鳳凰島、大小洞天讓無數的國內外遊客為之傾倒。

哈爾濱

冰城哈爾濱是國際冰雪文化名城，市內建築風格中西合璧，有聖索菲亞大教堂、俄羅斯木屋、中央大街等人文景觀。一年一度的冰雪大世界展現了冰雪文化和冰雪旅遊的獨特魅力。

廣州

花城廣州在古時是海上「絲綢之路」的發祥地，是有着 2000 多年歷史的文化古城和革命名城。美麗的珠江穿城而過，兩側都是現代化的高樓大廈。市內也有很多有歷史印跡的地方，西關大屋、上下九步行街、特有的鑊耳屋都是廣州的象徵。

在旅途中慢慢成長

美麗繁華的大都市各有各的魅力，這魅力不只來自美麗的風景，更來自於它們經歷的往事和歷代名人留下的故事。

西安

西安古稱長安，曾有多個朝代在這裏建都，是絲綢之路的起點，地上地下都保存着許多文物古跡和奇珍異寶，是一座鮮活的「立體歷史博物館」。

青島

青島樹木繁多、四季常青，不但是一座非常美麗的海濱城市，還是一座歷史文化名城。這裏異域建築種類繁多，讓人覺得彷彿來到了國外的某個城市。梁實秋曾將青島奉若天堂。

令人驚歎的工程，堪稱奇跡

酒泉衛星發射中心

酒泉衛星發射中心又稱「東風航天城」，是經過幾代航天人的不懈努力才建造而成的，為我們實現了一個又一個航天夢。中國首次發射成功的載人航天飛行器——「神舟 5 號」飛船就是在這裏成功發射的。

地點：甘肅

鴨綠江大橋

丹東鴨綠江上有兩座「姊妹橋」，它們曾在抗美援朝戰爭中成為支援前線的交通樞紐，遭受了戰火的洗禮，它們就是中朝友誼橋及鴨綠江斷橋。

都江堰

2000 多年前，李冰父子帶領蜀地民眾修建的都江堰帶來了成都平原「水旱從人，不知饑饉」的富饒，現今都江堰水利工程仍有防洪、灌溉的作用。

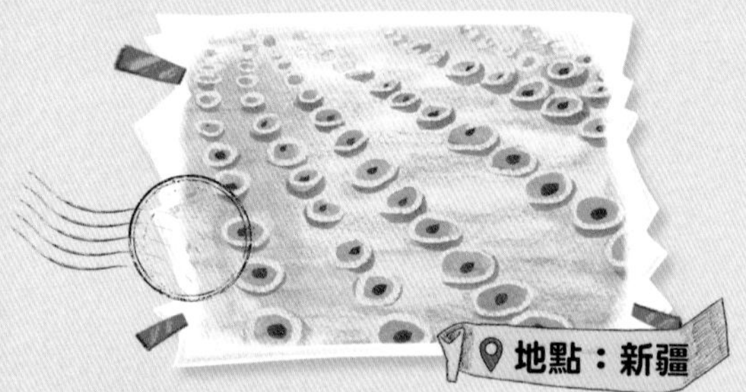

地點：新疆

坎兒井

在新疆乾旱少雨的沙漠地帶，人們在地下挖了長達十幾公里的地下暗渠，引融化的雪水和地下水灌溉農田，減少水的蒸發。它就是坎兒井，其歷史可以追溯到漢代，是中國古代的三大工程之一，至今仍在使用。

地點：湖北

長江三峽大壩

三峽大壩是中國規模最大的水利工程——三峽水利樞紐工程的主體工程，不僅使得三峽天塹變通途，也使它成了世界著名的水力發電站和清潔能源生產基地。

東水門大橋、長江索道

因橋樑眾多，重慶又被稱為「橋都」，擁有東水門、朝天門長江大橋等。長江索道是市民過江的重要交通通道。

太行山郭亮掛壁公路

山西和河南交界處的太行山大峽谷有着典型的嶂石岩地貌。懸崖峭壁給出行帶來困難，人們一錘錘開鑿，造就了掛在絕壁上的險峻公路。太行山中一共有 7 條掛壁公路，又名「絕壁長廊」，始建於 1972 年，位於海拔 1000 多米的懸崖上。

在旅途中慢慢成長

看到一代又一代建造者打造的超級工程，創造的無數奇跡，會不會激發你心中的宏偉藍圖，讓你想要超越前輩，創造屬於自己的奇跡？

青藏鐵路

青藏鐵路是連接青海西寧市和西藏拉薩市的鐵路，是世界上海拔最高、穿越凍土地段最長的高原鐵路。這條鐵路修建時的最大障礙是極度低温和凍土層，全線貫通用了將近 50 年的時間。鐵路全長 1956 公里，沿途常常能看到藏羚羊。

港珠澳大橋

港珠澳大橋是一座連接香港、珠海和澳門的橋隧工程，因超大的建築規模、空前的施工難度和頂尖的建造技術而聞名世界。

京杭運河

地點：浙江

京杭運河實現了南北水路交通的大貫通，是中國古代人民創造的偉大工程，如今不但仍在使用，而且也是南水北調工程的重要組成部分，其起點在浙江杭州。

遊古典園林，感受藝術之美

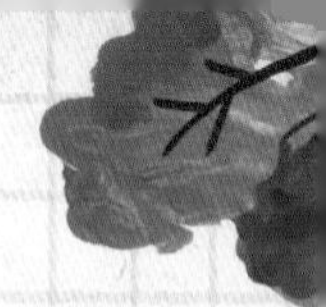

皇家園林博物館——頤和園

頤和園體現了中國園林藝術的高超技巧，是保存最完整的皇家行宮御苑。園內長廊以彩畫著稱，畫有山水花鳥和中國古典四大名著中的故事情節，稱得上一步一景。

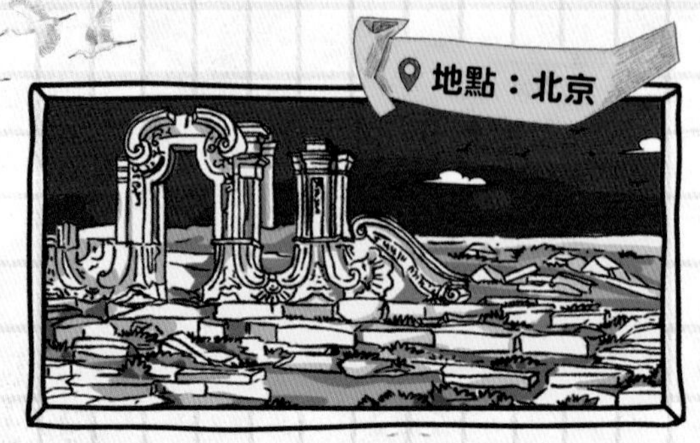

萬園之園——圓明園

圓明園為清朝大型皇家宮苑，集宮廷建築、江南水鄉園林、歐洲園林等多種建築風格為一體，後被外國侵略者焚毀，僅存遺址，它承載着歷史的傷痛。最值得觀賞的是十二生肖獸以及大水法、黃花陣、西洋樓等遺址。

皇家行宮避暑山莊

避暑山莊由清朝康熙帝下令修建，是清朝皇帝夏天避暑與處理政務的場所，體現了自然山水的本色和江南、塞北的風光，「山中有園，園中有山」是它最大的特色，使它成為中國古典園林藝術的傑作。山莊內的皇家藏書閣文津閣，見證了清王朝的興與衰。

江南名園——豫園

坐落在上海老城廂的豫園是典型的江南古典園林，始建於明代，由明代造園名家張南陽設計，園內有玉玲瓏、點春堂等景點。古人稱讚它「奇秀甲於東南」「東南名園冠」。

蘇州古典園林

蘇州古典園林住宅和園林合一，以小巧、精緻、淡雅、寫意見長。其中著名的代表有滄浪亭、獅子林、拙政園、留園等，這些園林代表了一種生活的理想，曾影響了明清時期整個江南城市的建築格調。

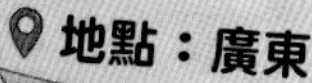

嶺南園林——可園

嶺南園林通常規模較小，融匯了中西文化，既有地方特色，又富有現代感。清代嶺南四大園林有清暉園、餘蔭山房、可園、梁園等，其中的可園建築特色鮮明，被前人讚歎為「可羨人間福地，園夸天上仙宮」。

湖上園林瘦西湖

瘦西湖湖面狹長，景色可與西湖媲美，所以叫作「瘦西湖」。瘦西湖以「湖上園林」著稱，享有「園林之勝，甲於天下」的美譽，擁有五亭橋、二十四橋、釣魚台等景觀。煙花三月時，湖畔瓊花開放，增添了不少韻味。

在旅途中慢慢成長

小橋流水、樓宇亭閣……中國古典園林裏有着不同的美，也充滿了詩情畫意，使人「不出城郭而獲山水之怡，身居鬧市而得林泉之趣」。

沒有苦，哪來甜
——革命之旅憶往昔

白洋淀上蘆葦蕩

白洋淀是河北最大的湖泊，湖中有大片蘆葦蕩和多種荷花。在抗日戰爭時期，白洋淀上有一支抗日游擊隊——人稱「水上飛將軍」的雁翎隊，他們利用白洋淀天然的屏障痛擊日軍。

改變中國的西柏坡

西柏坡曾是中共中央所在地，是震驚中外的遼瀋、淮海、平津三大戰役的指揮中心。黨中央曾在此召開了很多重要會議，對改變中國命運有着重大的意義，所以人們常說「新中國從這裏走來」。

沂蒙山區

作為革命老區，沂蒙山區曾被無數革命後人譽為「兩戰聖地」「紅色沂蒙」，有眾多歷史遺跡，如孟良崮戰役陳毅指揮所舊址、抗日烈士陵園、沂蒙山紀念館等。

地點：江西

井岡山革命根據地

井岡山革命根據地是中國第一個農村革命根據地，被譽為「中國革命的搖籃」。井岡山市有井岡山革命博物館、八角樓毛澤東同志舊居、井岡山會師紀念館、井岡山革命烈士陵園等。

毛澤東同志故居

這是毛澤東出生的地方，位於湖南韶山，是最早入選愛國主義教育基地的景點之一，大門匾額上的題字為鄧小平所寫。

中共一大會址

中國共產黨第一次全國代表大會會址紀念館，簡稱中共一大會址，是中國共產黨的誕生地。後被改成紀念館，收藏着革命建設時期的文件、書籍、照片和其他珍貴文物。

革命聖地延安

延安在革命戰爭年代曾是中共中央所在地，中國人民解放鬥爭的總後方，是中國革命的聖地。這裏發生了一系列改變中國歷史進程的重大事件，留下了很多革命舊址。

在旅途中慢慢成長

我們生活在一個和平安定的時代，這都是革命前輩流汗流血打下來的天地。知道幸福日子是怎麼來的，會讓我們更加珍惜現在擁有的一切。

你崇敬的名人，曾生活在這裏

曲阜三孔

孔子被尊稱為孔聖人、至聖先師。曲阜孔廟曾是孔子的故居，被後人擴建成廟，用來祭祀孔子。它與相鄰的孔府、孔林合稱為「曲阜三孔」。

魯迅故居

浙江紹興的魯迅故居頗具江南風情，是魯迅出生的地方，有百草園、三味書屋和魯迅祖居。魯迅筆下的咸亨酒店、烏篷船在這裏都能看到。

杜甫故里

這裏是詩聖杜甫出生和生活的地方，也是他的長眠之地。杜甫故里景區內的展品以「來自這片土地，又回歸這片土地」為主題，詮釋了一個真實而全面的杜甫。景區內有很多石碑題刻着國內外著名書畫家的墨寶，被稱作「詩聖碑林」。

王羲之故居

這是書聖王羲之出生的地方，位於臨沂。相傳王羲之幼年時在洗硯池邊涮筆洗硯，使清澈的池水變成了墨色。他的代表作《蘭亭集序》被譽為「天下第一行書」。

老舍故居

文學巨匠老舍先生是土生土長的北京人，是第一位獲得「人民藝術家」稱號的作家。他在這個小院生活了 16 年，創作了《茶館》《龍鬚溝》等作品。因院內有兩棵柿子樹，老舍夫人將這裏命名為丹柿小院。

地點：天津

霍元甲故居紀念館

霍元甲是清末著名的愛國武術家，為精武體育會創始人，是一位家喻戶曉的英雄人物。其故居紀念館陳列着霍元甲生前習武、務農、生活的實物展品和珍貴照片。

孫中山故居紀念館

孫中山故居紀念館位於中山市翠亨村，由孫中山故居與孫中山文物館組成，人們在此可了解孫中山的生平與思想。故居內的四個大字「天下為公」格外矚目，是孫中山一生奉行的準則。

在旅途中慢慢成長

你的心中是不是住着一位頂天立地的大人物？他是誰？有哪些值得你敬仰的地方呢？去他們生活過的地方，了解他們的生平和志向吧。

上海宋慶齡故居紀念館

宋慶齡是孫中山的夫人，也曾是中華人民共和國名譽主席。她曾在此居住了十幾年，留下了許多珍貴的文物，故居內的陳設保持着宋慶齡生前的原樣，存有徐悲鴻贈送的《雙馬圖》等。

把浩瀚的大海裝進心胸

三亞亞龍灣

在三亞，有一處月牙形海灣，沙白水清，水下珊瑚異彩紛呈，那便是亞龍灣，它被譽為「天下第一灣」。這裏一年四季氣候温和，即使在冬季也可以游泳，是非常理想的海景旅行地。

鼓浪嶼

鼓浪嶼是廈門最大的島嶼，因為島上的海蝕岩洞受浪潮沖擊時，聲如擂鼓而得名。小島被海包圍，被花點綴，一年四季綠意盎然，風景秀麗，還擁有許多古老的建築。

地點：河北

北戴河與山海關

北戴河位於秦皇島市，是中國的避暑勝地之一，景色秀麗，古跡眾多。這裏的山海關是自古以來的軍事要地，號稱「天下第一關」，因北依燕山、南連渤海而得名。

大連金石灘

大連金石灘形成於幾億年前的震旦紀，三面環海，濃縮了史前形成的地質奇觀，沉積岩石、海蝕洞隨處可見，有「神力雕塑公園」的美譽。

煙台蓬萊閣

因為有八仙過海的傳說、雲霧繚繞的海上仙境，以及海市蜃樓的奇觀，蓬萊閣被視為人間仙境。蓬萊閣建於海邊懸崖上，屹立於萬頃碧波之上，又處於渤海和黃海分界處，可謂一山看兩海。

青島海濱風景區

青島海濱風景區包括棧橋、海水浴場、小青島、五四廣場等景點。自 2008 年奧運會帆船比賽選定在青島舉辦，這裏多了一道海上景觀——乘坐帆船出海，將沿岸風景一覽無遺。

到墾丁去看太平洋

墾丁位於屏東縣，三面環海，向東望去就是太平洋，有非常美麗的海岸線。因氣候炎熱，墾丁一年四季都可以潛水。

在旅途中慢慢成長

每個人對大海都有莫名的嚮往，因為那無邊無際的遼闊，因為那動聽悅耳的波濤，因為那五彩斑斕的海底世界……相信見過大海後你的心胸會更加開闊。

北海銀灘

婆娑的椰林、湛藍的海水、白色的沙灘，構成了北海銀灘的無限風光。